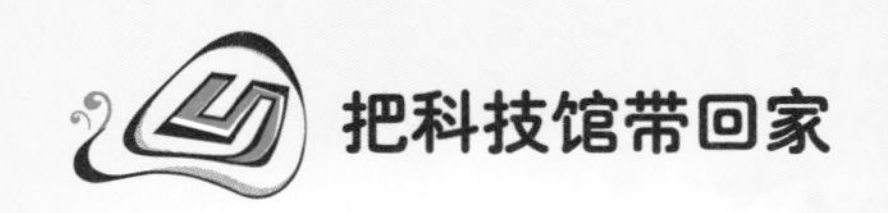

越做越好玩的科学

［第二辑］

超级弹球

中国科学技术馆　编著

科学普及出版社
·北　京·

图书在版编目（CIP）数据

越做越好玩的科学．第二辑．超级弹球/中国科学技术馆编著．--北京：科学普及出版社，2021.3

（把科技馆带回家）

ISBN 978-7-110-10140-7

Ⅰ.①越…　Ⅱ.①中…　Ⅲ.①科学实验—儿童读物　Ⅳ.①N33-49

中国版本图书馆CIP数据核字（2020）第153091号

目录

力大无穷的纸片

作者：金小波

我们都知道，如果把一个装满水的杯子用盖子盖严实，然后倒置过来，水是不会漏出来的，那么，如果我们将杯盖换成纸片会怎么样呢？想知道答案，那就快让我们一起动手做做看！

完成这个实验，你需要准备的材料为：杯子、大头针、纸片、水（为了效果明显，可使用颜料）。

实验材料

找一张合适的正方形纸片（略大于杯口），并用大头针在纸片上扎出许多小孔。

准备一个杯子，向杯中注满水（可在水中加入一点颜料，效果明显），以稍微向外溢出一些为宜。

把有孔的纸片盖在杯口，用手压住纸片并慢慢地将杯子倒转过来，待稳定后轻轻地将手移开。纸片稳稳地盖住了杯口并且托住了杯中的水，水并没有从孔中漏出来。

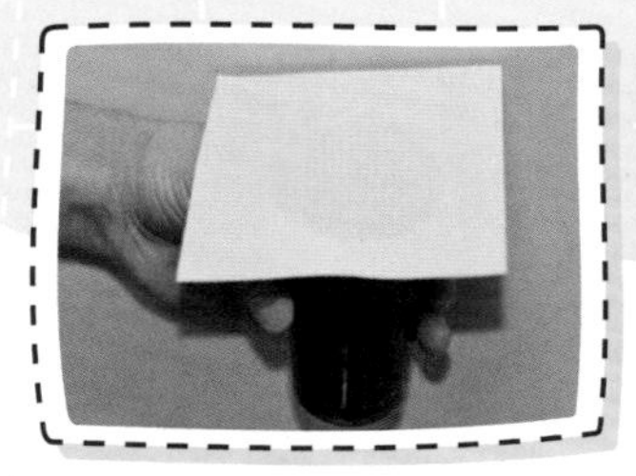

扫码观看演示视频

科学小课堂

明明“杯盖”只是一张柔软的纸片，而且上面还有许多小孔，为什么水没有漏出来呢？

这是因为水的表面张力会在纸片的表面形成一层水薄膜，从而阻止水从小孔中漏出。日常生活中也有这样的现象，例如我们在下雨天使用布雨伞，尽管雨一直下，但是布雨伞依然能为我们遮风避雨。

纸片之所以能够托住杯中的水，是因为当我们将杯子装满水并盖上一张纸之后，杯中就没有了空气，此时，外界的大气压强会产生一个向上的力作用于纸片上，这种“无形的力”会使纸片托住杯子中的水。

请大家想一想，如果杯子里只装半杯水，再把杯子倒置过来，小纸片还能托住它吗？自己动手试一试吧！

可乐电池

作者：张 然

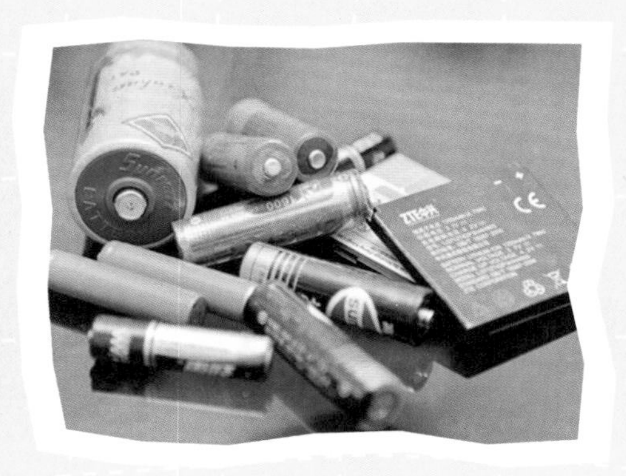

电池在我们的生活中随处可见，遥控器、挂钟、手机、玩具等都需要靠电池提供电力。电池的大小不一、品种繁多，有镍铬电池、镍氢电池、锂电池等，制作电池的原料当然也是多种多样的。可是，你听说过可乐也可以用来制作电池吗？今天就来教大家如何制作可乐电池。

完成这个实验，你需要准备的材料为：纸杯4只、可乐、导线3根（或者准备带鳄鱼夹的导线3根）、带鳄鱼夹的导线2根、铜片和锌片若干、发光二极管、小电子表。

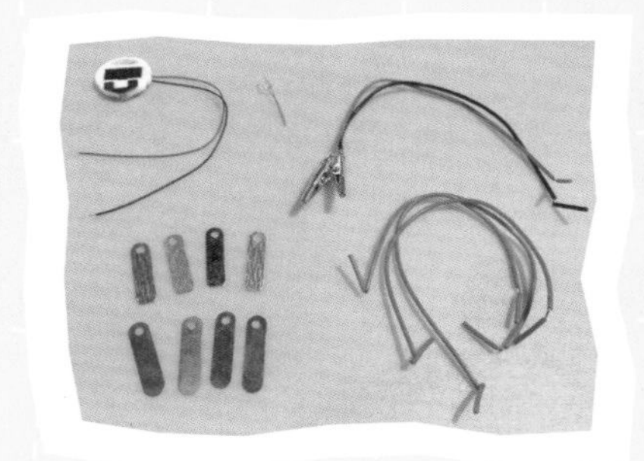

实验材料

1

在纸杯中倒入半杯可乐，将导线的两端分别系上铜片和锌片，将带有鳄鱼夹的导线分别连接铜片和锌片。

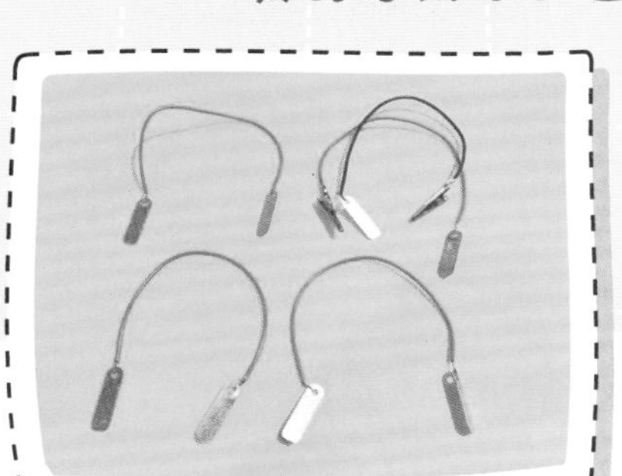

2

将连接好铜片和锌片的导线、鳄鱼夹导线插入装有可乐的纸杯中。

每根导线的两端插入不同的纸杯中，要使饮料没过金属片，相同材质的金属片不可放入同一纸杯中。

3

全部连接好后，用鳄鱼夹分别夹住发光二极管的两端，发光二极管会被点亮哦！

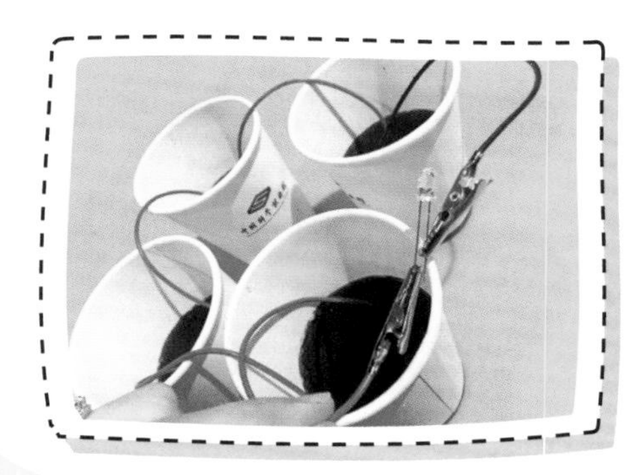

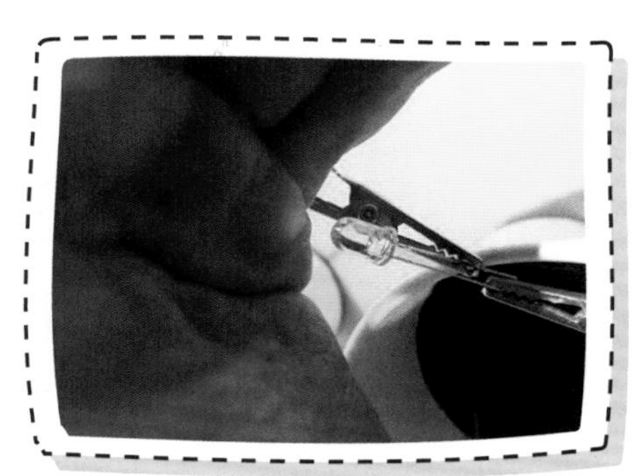

取下发光二极管，将鳄鱼夹分别夹住电子表导线的两端，你会发现电子表通电显示了时间呢！

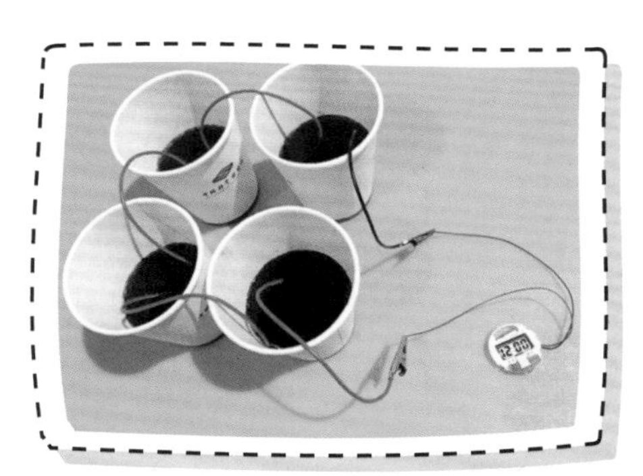

扫码观看演示视频

科学小课堂

为什么可乐可以为发光二极管和电子表提供电力呢？其实，可乐本身就是弱酸性溶液，当铜片和锌片插入可乐中时，发生了化学反应，铜片和锌片间电子发生了移动，产生了电流，使得发光二极管和电子表通电亮了起来。

原来，可乐不仅能够让我们一饱口福，还可以用来制作可乐电池。真是不做不知道，科学真奇妙，快来一起试试吧！

作者：张志坚　左　超

当一个质量为太阳质量8~25倍的恒星衰老后，由于耗尽了核燃料会发生坍塌，在内部碰撞反弹，一种冲击波就会从内向外传播，当它传递到表面低密度层时就会越来越快，冲击波将恒星最外层的低密度层提高到很高的速度，形成宇宙射线，这就是超新星爆发。

虽然超新星爆发与我们的生活遥不可及，但是它的过程与超弹性碰撞的现象极为类似。而在我们生活中，可以很容易地演示超弹性碰撞。下面我们一起来制作超弹性碰撞的模型——超级弹球。

制作超级弹球，你需要准备的材料为：电钻（或其他钻孔工具）、护目镜、一个高约15厘米的塑料棒、5个由大到小的弹力球。

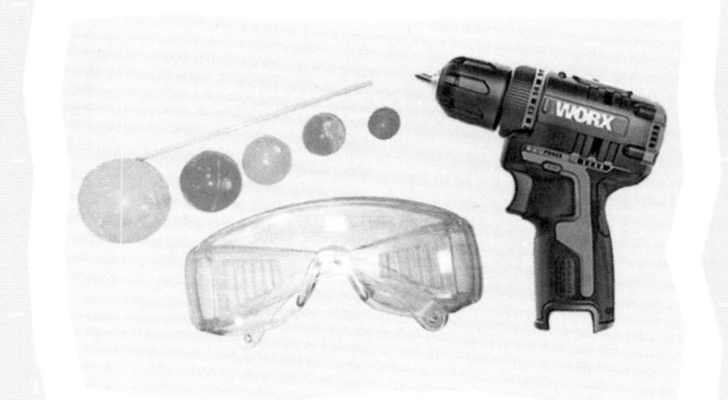

制作材料

使用电钻（或其他钻孔工具）在5个弹力球上分别打孔：较小的4个弹力球上的孔要完全穿透小球；最大的弹力球打孔到一半的深度即可，不需要穿透。

注意

钻孔工具的使用存在危险性，请让家长或老师配合完成。

2

将塑料棒插入最大弹力球的孔中，并且用胶水将它们黏在一起。

扫码观看演示视频

3

按照从大到小的顺序依次将弹力球穿入塑料棒中，我们的超级弹球就制作完成了。

4

佩戴好护目镜，然后用手捏住塑料棒顶端，将组合好的道具垂直于硬质地面，快速放手使其底端与地面发生碰撞，你会发现超级弹球顶部小球的反弹高度是下落高度的5倍。

科学小课堂

顶端的小球为什么会被反弹到那样的高度呢？

这是因为小球从一定高度下落，最下面的小球接触地面后会向上方反弹，然后碰撞上方的小球。下方小球的质量大，能量大，与上方小球碰撞后，会把能量传递给上方小球，上方小球接受更加强大的能量后就会反弹得更高。能量依次传递，直到传递给最上面质量最小的小球时，最上面的小球会获得很大的能量，就可以反弹到比下落时更高的位置了。

小小平衡鸟

作者：韩 迪 孙伟强

要揭开指尖上的平衡鸟保持平衡的奥秘，首先要认识重心。重心指在重力场中，物体各个部分所受重力的等效作用点。重心的位置取决于物体的几何形状和质量分布情况。重心的位置和物体的平衡之间有着密切的联系，主要体现在两个方面：一是物体的重心在竖直方向的投影只有落在物体的支撑面内或支撑点上，物体才可能保持平衡；二是物体的重心位置越低，物体的稳定程度越高。指尖上的平衡鸟之所以能保持平衡，就是因为符合以上两个条件。下面就让我们一起来制作一只小小平衡鸟吧！

制作小小平衡鸟，你需要准备的材料为：彩纸、曲别针。

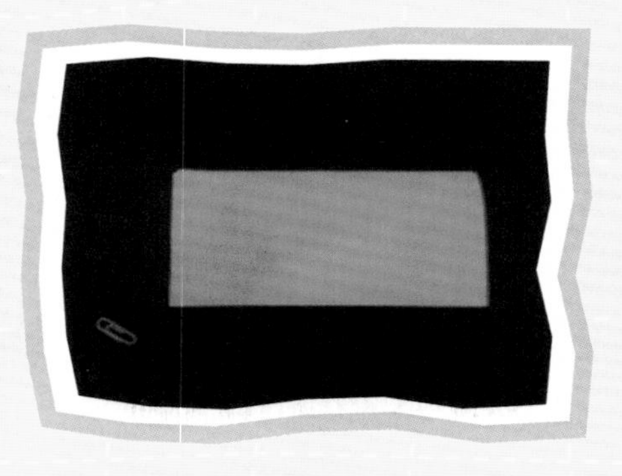

制作材料

将纸条沿长边对折两次，等分为四份。

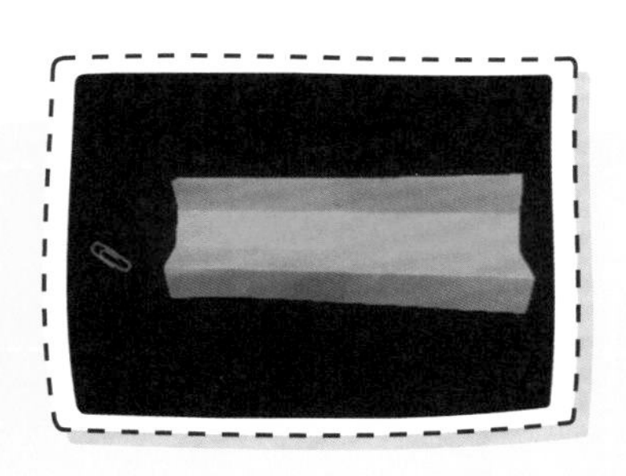

2

将纸条再沿竖边对折一次，留一条中心折印。

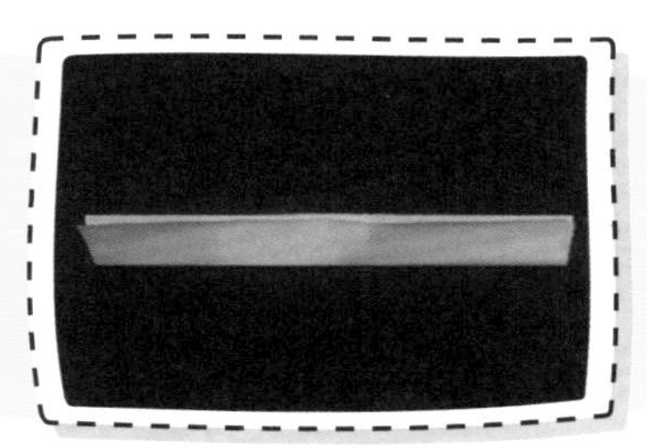

取纸条长边从中心的竖线向上折。

另一边同上一步折法相同。

将折纸的正反面对调。

6

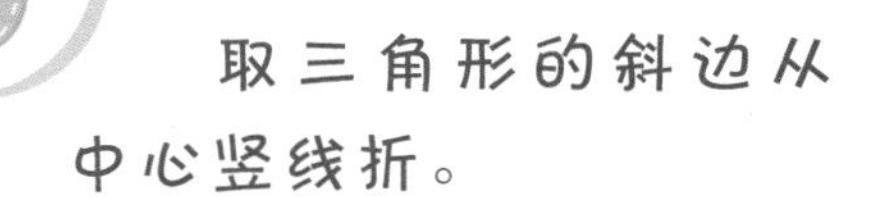

取三角形的斜边从中心竖线折。

另一边同上一步折法相同。

8

将曲别针夹在平衡鸟中间位置。

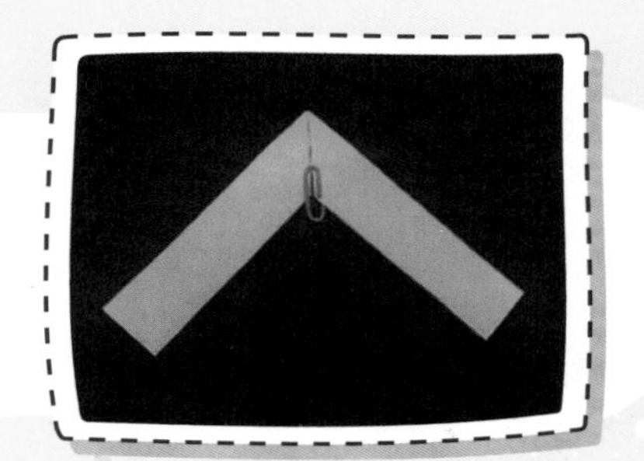

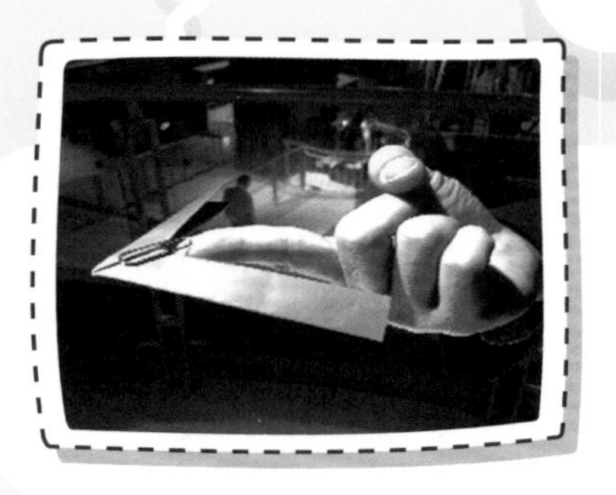

9

将平衡鸟的两个翅膀向下压，进行调节，制作完成。

扫码观看演示视频

科学小课堂

利用纸张折出了平衡鸟两个大大的对称翅膀，将曲别针做成支点夹在鸟儿头部的后方正中位置，使得它的重心投影落在其支撑面内，这是保持平衡的必备条件。另外，调节平衡鸟的翅膀，将翅膀向下压，使它的重心下降至支点以下，形成稳定系统，自然而然就能保持平衡啦！

生活中展现重心与平衡密切关系的例子比比皆是。例如，为了提高货轮在海上航行时的安全性，在装载货物时，会将质量较大的货物放在下层，质量较轻的货物放在上层，利用货物的装载将货轮的重心降低，从而提升稳定程度，有效提高货轮航行的安全性。在建筑领域，通常建造地面高度较高的建筑需要相应地加深地下的地基深度，这也是利用了降低重心，提高稳定程度的原理。

磁悬浮笔

作者：张　娜

随着交通工具的快速发展，磁悬浮列车成为现代高科技轨道交通工具，它利用磁铁“同极相斥，异极相吸”的原理，使车体悬浮在距离轨道约1厘米处，腾空行驶，创造了近乎“零高度”空间飞行的奇迹。下面我们来做一支磁悬浮笔，模拟磁悬浮列车的悬浮状态吧！

制作磁悬浮笔，你需要准备的材料为：圆环磁铁6块、橡胶圈12个、圆木棍3根、扁木片2个、透明片、双面胶。

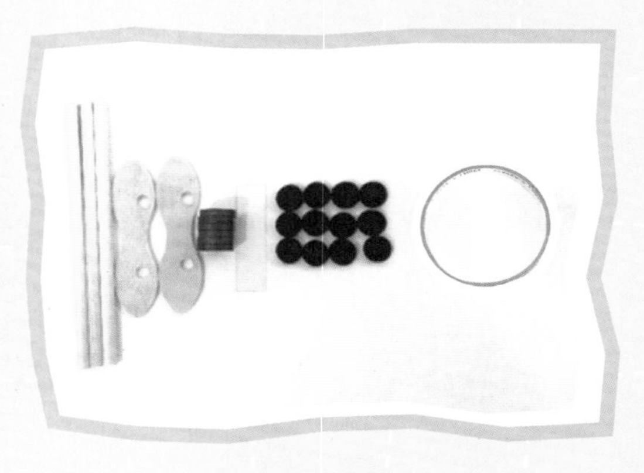

制作材料

1

把 6 块磁铁吸到一起，磁铁同极朝向同一面。

可以拿起两块磁铁，用两个不同的面感受一下磁铁的吸力。

2

取 1 根圆木棍，把 2 块磁铁穿在圆木棍上，磁铁两边用橡胶圈固定，注意磁铁的方向还是同极朝一面。

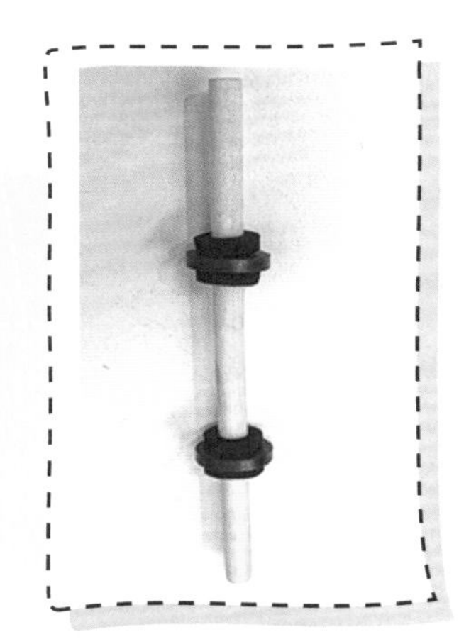

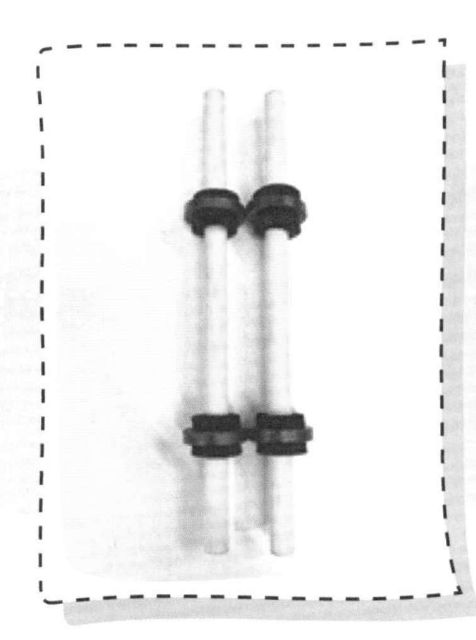

取第二根圆木棍，操作方式同第一根，注意磁铁的位置要一样。

4

将第三根圆木棍上下削尖，磁铁和线圈安装方式同前。

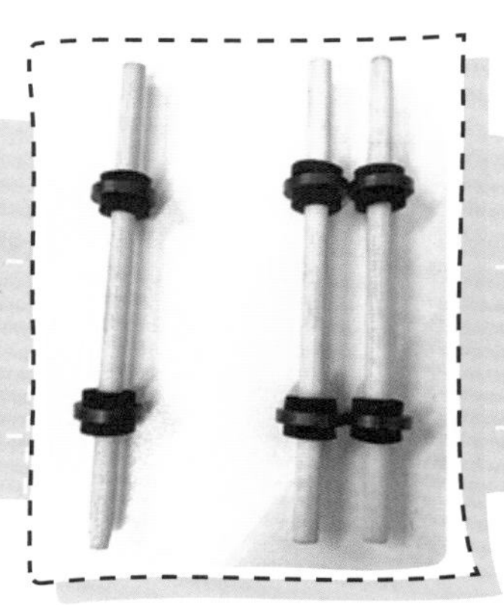

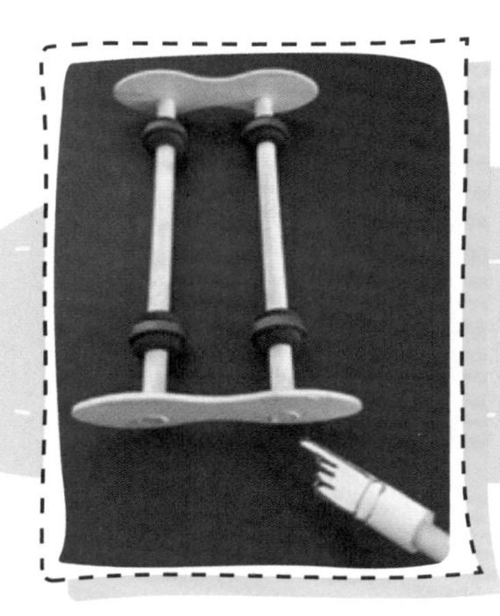

5

把前两根做好的带磁铁圆木棍两头穿在扁木片上，注意两头的位置要一致。

6

在其中一块扁木片正中间用双面胶固定透明片。

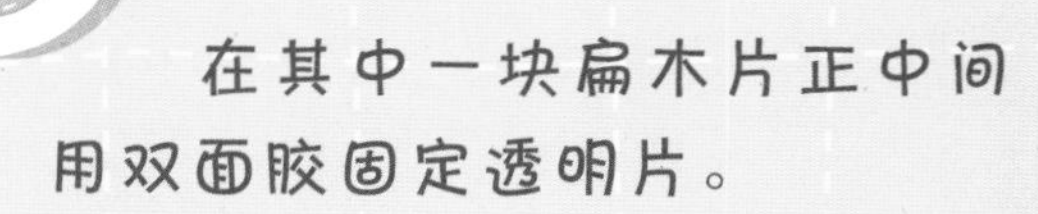

把削尖的那根圆木棍一头贴在透明片上，它就悬浮起来了。

科学小课堂

我们身边还有许多磁悬浮产品，如磁悬浮音箱、台灯等。你见过飘浮在空中的 UFO 灯饰吗？一家荷兰的公司，就大开脑洞，设计了一款 UFO 磁悬浮台灯，将飞碟带进了家中，这便是利用了磁铁“同极相斥、异极相吸”的特性。

简单精致的 C 型支架中间，一颗飞盘一样的灯飘浮在半空中，如此具有未来感的设计，让整盏台灯格外的有意思。当它浮在空中时，灯便亮起，而当它被拿下后，灯便熄灭了。

在医学方面，可以利用核磁共振诊断人体异常组织，判断疾病，这就是我们比较熟悉的核磁共振成像技术。

磁性材料在军事领域有着广泛的应用。例如，普通的水雷或地雷只能在接触目标时爆炸，因此作用有限。而如果在水雷或地雷上安装磁性传感器，由于坦克或者军舰都是钢铁制造的，在它们接近(无须接触目标)时，传感器就可以探测到磁场的变化使水雷或地雷爆炸，提高了杀伤力。

超级弹球

奇妙的欧不裂

作者：张　磊

世界上的物质可以是像桌子、椅子这样具有固定体积和形状的固体，也可以是像水、牛奶这样形状随着容器变化的液体，还可以是形状和体积都不固定的气体。温度的变化可以导致物质在固体、液体和气体之间相互转化，如水可以转化为冰和水蒸气。那么，你见过既像固体，又像液体的奇妙物质吗？更奇妙的是，它的这种状态的转变不是通过温度的变化，而是通过瞬时压力变化实现的。它就是欧不裂。

欧不裂，英文名为oobleck，来源于儿童作家苏斯博士在*Bartholomew and the Oobleck*这本书中提出的“绿色软泥”，它绿绿的、软软的、黏黏的。现指将玉米淀粉和水以3∶2到2∶1之间的比例混合而得的混合物。欧不裂最大的特点就是它的黏性会随着瞬间压力的大小而改变，如果慢慢地对它施压的话，它会表现得像一般的液体，但快速的施压，它又会表现得更像固体。

一起来制作并体验奇妙的欧不裂吧！

制作欧不裂，你需要准备的材料为：淀粉、水、杯子、筷子。

制作材料

1

向杯中加入约半杯淀粉，你可以用手指感受一下淀粉，它是不是很光滑？这是因为玉米淀粉的颗粒非常小。

2

在杯中加水，并慢慢混合淀粉和水，直到混合物变得均匀黏稠，静置几分钟。一般的话，水的量为玉米淀粉的1/2到2/3都可以制作成功，如果太稠的话，请补充水；太稀的话，请补充玉米淀粉。

你还可以在混合物中滴加食用色素，使其颜色更漂亮。

当欧不裂做成后，你可以尝试用不同的方法去体验欧不裂的性质，比如，将筷子在欧不裂中上下左右移动：轻轻地和快速地移动时，有什么不同感觉？快速抓起一团欧不裂放在手心，欧不裂又有怎样的变化？

注意

虽然欧不裂是无毒的，但请不要碰到眼睛或直接放在嘴里。

扫码观看演示视频

为什么会出现这种现象呢？

欧不裂既不是典型的固体，也不是典型的液体。这种玉米淀粉与水的混合物是一种流体，叫作非牛顿流体。

对于欧不裂这种性质的产生有不同解释，最广为认可的解释是：当混合物处于静止状态时，淀粉颗粒被水包围着。水的存在提供了相当多的润滑作用，这样颗粒就可以自由地运动。但是，如果运动是突然发生的，水就会从颗粒间被挤出来，这样颗粒聚集在一起，表现得像固体一样。

1．“轻功水上漂”再也不是大侠的专利啦

武侠片中的大侠，施展“轻功水上漂”，何其潇洒，令人羡慕。现在，这已经不是大侠的专利了，因为你有欧不裂的帮助。人在欧不裂表面上快速行走时，会使其像固体一样，承受人的重量。如果你感兴趣的话，不妨在家里的大盆中尝试一下！

2．欧不裂有可能拯救生命

研究者认为，某一天可能用欧不裂来拯救在枪林弹雨中冒险的战士生命。现在，已经有实验室正在试图将欧不裂注射到防弹衣中，用来制作液体防弹衣。这种新材料可以阻挡子弹，同时轻质柔软使人易于移动。

DIY 小鼓

作者：张景翎

大自然中的声音是如此美妙，今天教大家把身边的材料变废为宝，DIY一只小鼓，让它发出动人的音色吧！

DIY 小鼓，你需要准备的材料为：剪刀、美工刀、塑料水瓶、吸管、纸（12 厘米 ×15 厘米）、气球、橡皮筋、固体胶、胶带、马克笔。

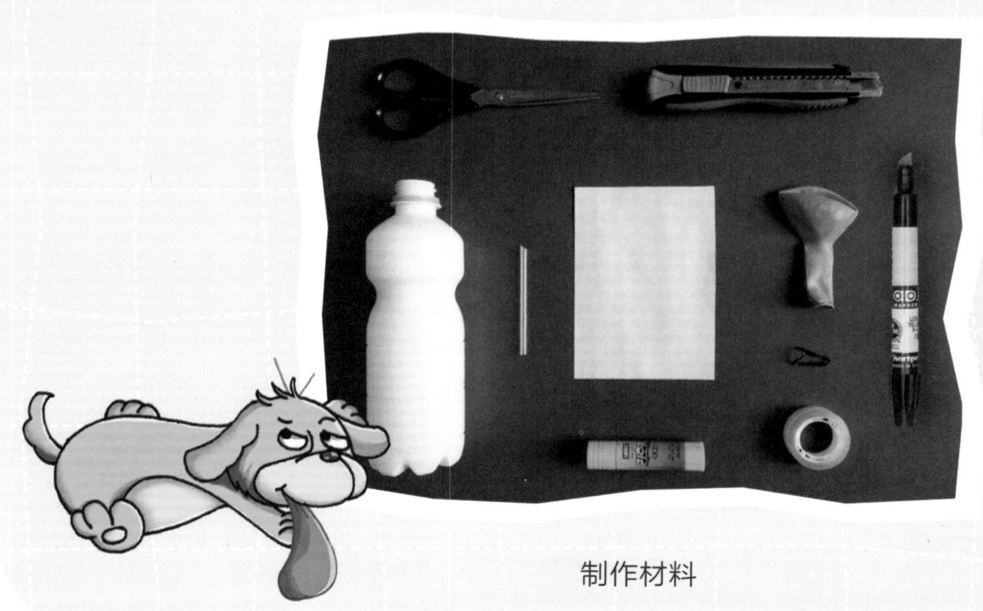

制作材料

1

用马克笔在瓶身三分之一处画一道标记线，之后用工具刀沿着标记线的位置切开，将瓶身分成两部分（留取瓶口部分使用）。

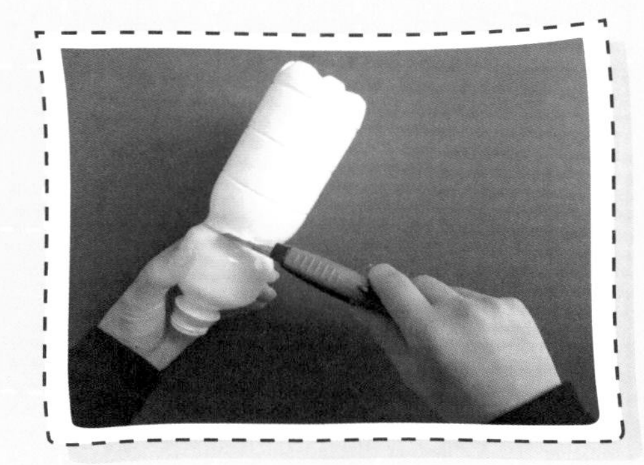

注意

工具刀的使用存在一定危险性，儿童务必要在大人的陪同下制作。

用剪刀将切口修剪平整。

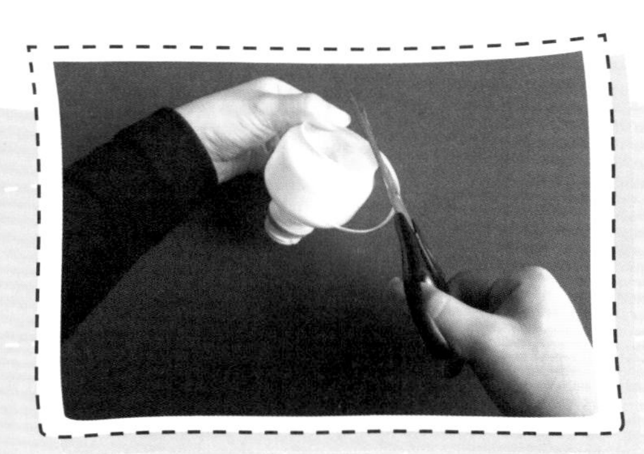

在靠近瓶口处，用工具刀掏一个洞，洞口大小和吸管直径一致，将吸管插入洞中。

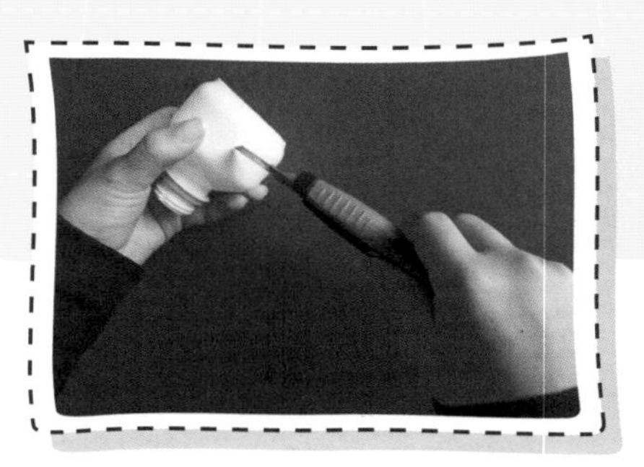

4

把气球前端剪下，后端装在塑料瓶比较粗的那端，并用橡皮筋扎紧。

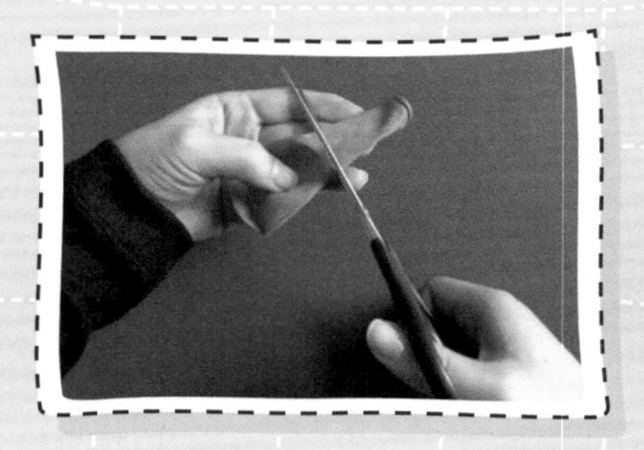

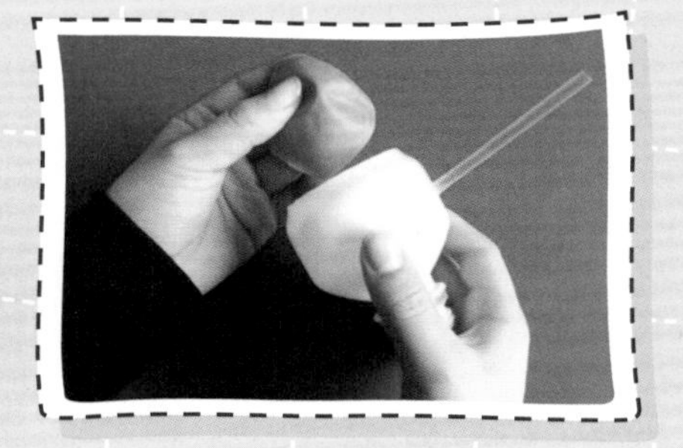

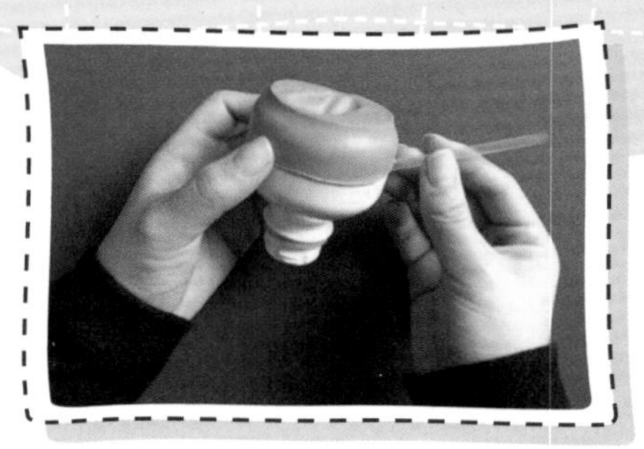

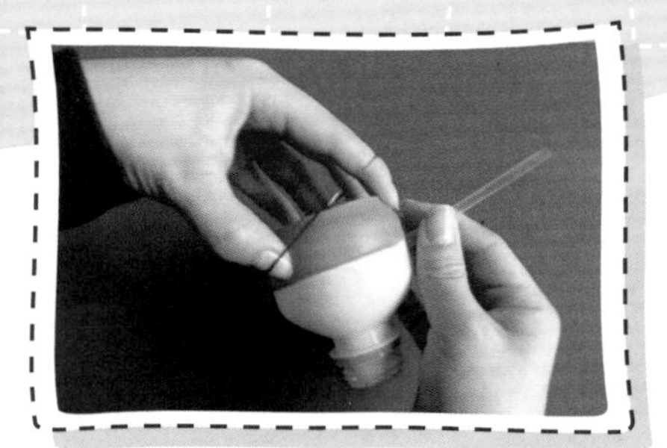

将纸卷起来（直径与水瓶瓶口一致），用固体胶封住，做成管状。

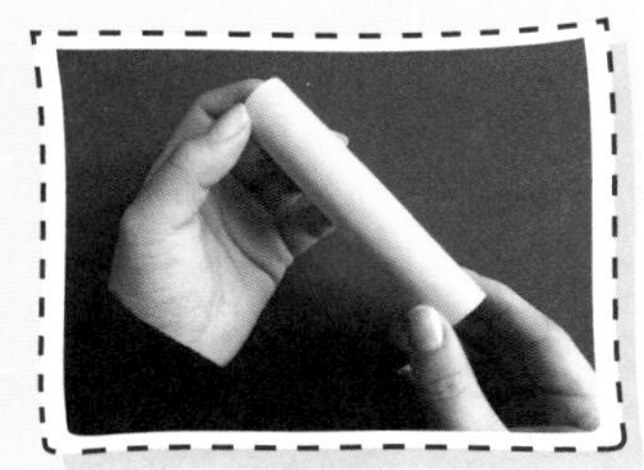

在卷好的纸管上剪三个小洞（类似笛子的小洞），将剪好的纸管插入瓶口并用胶带把连接处密封好。

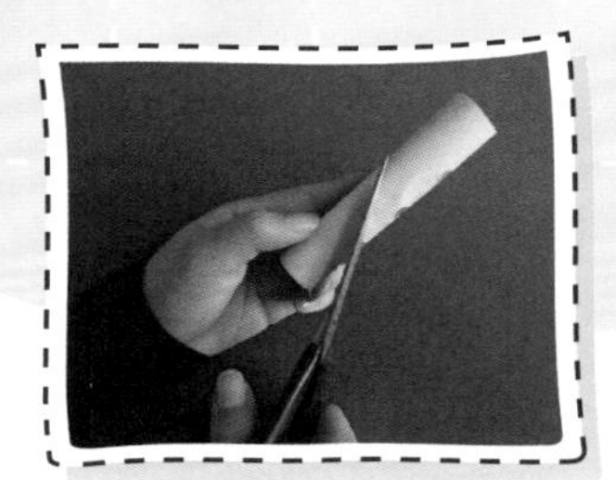
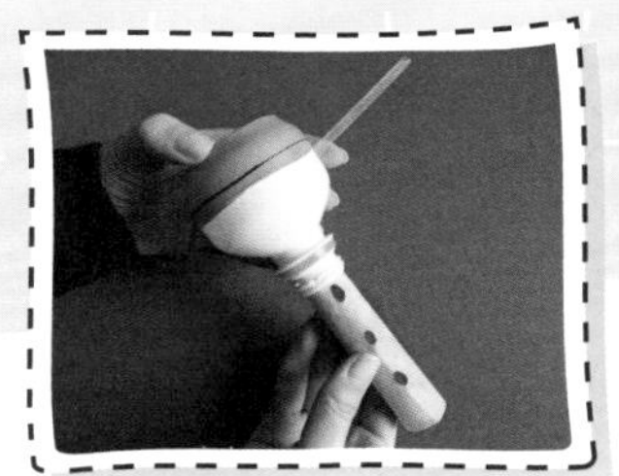
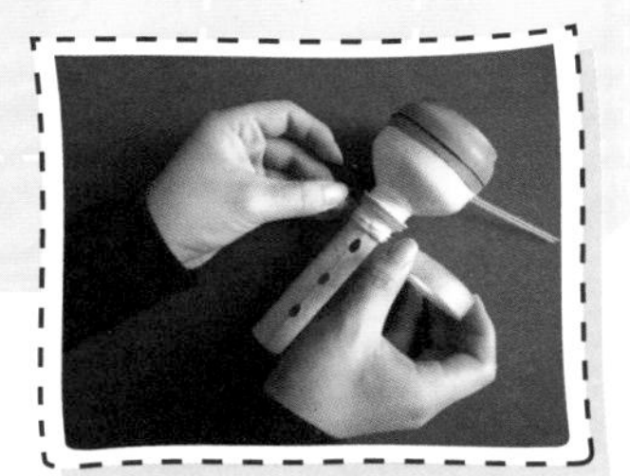

7

进行调整，保证小鼓各个连接处都不会漏气。往吸管里吹气，如果你能听见声音，那就大功告成啦！

温馨提示

如果你听不到声音，可能是漏气造成的，再检查一下连接处是否密封。

为什么 DIY 的小鼓会发出声音呢?

其实，这个小鼓是利用膜（气球皮）的振动发声的。当往塑料小鼓的吸管中吹气时，鼓内的气压增高，气球皮制成的膜微微膨胀，同时一部分气体通过小鼓的纸管（笛子处）漏出，又使内部气压降低，这样膜又会变平。这个过程不断循环，膜不断振动，这就是小鼓发声的原理了。如果调整纸管上洞口的位置，把气球绷得紧一些或者松一些，或者采用不同大小的塑料瓶，就可以制作出能发出不同音色的鼓，赶快去试一试吧。

七彩水杯琴

作者：张志坚

音乐家通常会使用各种乐器演奏音乐，那我们可以使用生活中的物品来演奏吗？下面让我们一起动手制作既简单又有趣的“七彩水杯琴”试一试吧！

制作七彩水杯琴，你需要准备的材料为：透明的玻璃瓶（水杯）7个、勺子、水、颜料。

制作材料

1

在瓶中装入水，然后用勺子去敲击瓶子，会发出清脆的声音。

2

通过调节水位的高低，就可以找到“do、re、mi、fa、sol、la、si”这七个音啦。为了美观，可以在不同的瓶子中滴入不同的水彩颜料。

科学小课堂

往玻璃瓶中装入不同高度的水，为什么敲击时就可以发出不同的声音呢？

玻璃瓶在外力的作用下会产生振动而发出声音，而水会阻止或削弱振动。因此，加入水的杯子可以分为两个部分，水面下的部分不容易振动，而水面上的部分还会振动。由于加入水的量不同，整个玻璃瓶的振动频率就会不同，所以就会发出不同的声音啦。

还有其他的物体可以发出声音吗？请你用身边的材料，演奏一曲属于自己的音乐吧！

扫码观看演示视频

超级弹球

两只气球的PK

作者：陈婵君

如果将一大一小两只气球通过软管连通，气球会发生什么变化？或许有些人说：“两个气球会变成一样大，达到平衡状态。”或许还有人说：“大气球会吸收小气球里面的气，大的越来越大，小的越来越小。”答案是什么呢？快来动手试试看吧！

完成这个实验，你需要准备的材料为：气球2只、软管（吸管）。可使用细绳辅助。

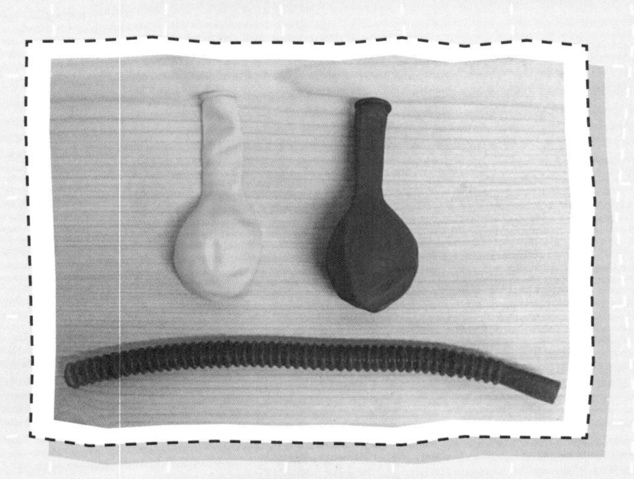

实验材料

1

用黄色气球作为大气球，将黄色气球吹得大一些，气球口套在软管一端，同时用手捏紧软管，防止气球漏气。

小贴士

可借助细绳扎紧气球，需打活结，方便最后松开，把气球口套在软管上同样用细绳扎紧，以免漏气。

2

将红色气球吹得小一点，气球口套在软管另一端，并捏紧软管，防止气球漏气。

小贴士

同第一步，可借助细绳方便操作。

3

保证大小两只气球分别牢牢套在软管两端，同时稍微松开捏住软管的两只手，不要让气球口对外漏气，让两只气球内的空气通过软管流通。

小贴士

用细绳的人在这步可以松开系气球的活结。

观察两只气球的变化，你会发现红色气球越来越小，黄色气球越来越大。

扫码观看演示视频

科学小课堂

为什么是红色气球（小气球）里的空气跑到黄色气球（大气球）里了，而不是相反呢？

这是因为气球被吹起后，弹性气球表面会产生收缩力，对气球内的空气施加压力。气球被吹得越大，气球的收缩力越小。由于两个气球被吹起的大小不一样，因此气球膜对气球内空气施加的压力也是不一样的。这里被吹得较小的红色气球膜对球内空气的压力较大，较大的黄色气球膜对球内空气的压力较小，产生了压力差，因此当红色和黄色两个气球连通后，红色小气球内的空气就会往黄色大气球内跑，所以我们才会看到小气球越来越小，大气球越来越大的现象。

生活中，大家有没有给自行车轮胎打气的经历呢？使用打气筒给自行车轮胎充气时，利用的就是压缩气筒内空气，产生与轮胎内的空气压力差，将空气打入轮胎内的原理。而把打气筒拉杆往上提时，轮胎内的空气却不会倒流出来，这是什么原因呢？

使用打气筒时，要把打气筒出气管接到自行车轮胎的气门芯上，这个气门芯起到轮胎的进气和防止漏气的作用。正常情况下，气门芯处于密封状态，当给自行车轮胎打气时，我们需要使劲往下压缩气筒中的空气，空气被挤压进入气门芯，压强变大，能够把有弹性的橡胶密封垫“顶”起，这时气门芯处于打开状态，空气就会进入车胎；当往上提拉打气筒时，气筒内压强变小，气门芯的弹性密封垫又会收紧闭合，处于密封状态，此时轮胎内的空气无法流出，就不会漏气了。简单地说，气门芯其实就是一个单向阀门结构，只允许空气进入，不能倒流。

超级弹球

无敌空气炮

作者：邵 航

哆啦A梦有一个装满宝物的口袋，无论遇到什么困难，只要在里面翻一翻就可以掏出无敌宝贝，比如无敌空气炮。把它套在手臂上，嘴里喊声“砰”，从空气炮中发射出的巨大力量就会把敌人击败。

是不是你也想拥有一个无敌空气炮呢，今天，我们就来学习如何制作，快来一起参与吧！

制作无敌空气炮，你需要准备的材料为：纸杯、空塑料瓶（矿泉水瓶）、气球、乒乓球、胶带、毛根绒条（或用细的软铁丝）、美工刀、剪刀。

制作材料

用美工刀和剪刀将塑料瓶底部去掉。

注意

工具刀的使用存在一定危险性，儿童务必要在大人的陪同下制作。

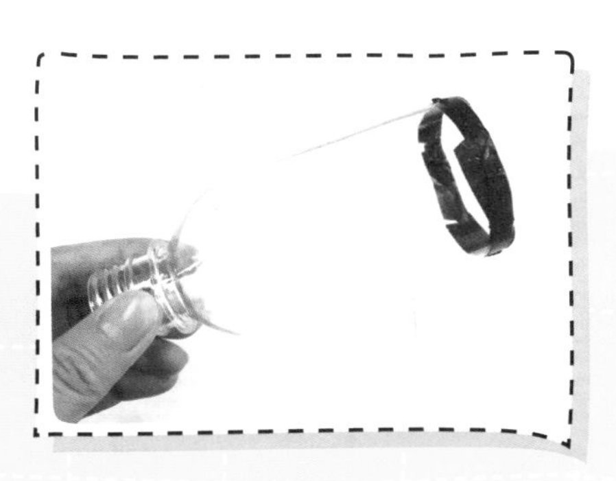

在塑料瓶的切口处缠上胶带。

把气球的细长部分剪掉。

将剪好的气球套在塑料瓶的切口处。

用胶带将气球和塑料瓶连接部分缠紧。

6

将毛根绒条（或细的软铁丝）拧成一个圆环在瓶口处做一个“瞄准器”。一个无敌空气炮就做好了。

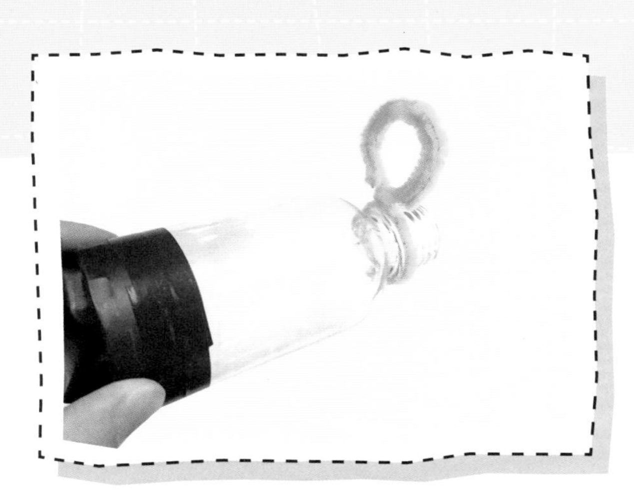

7

将乒乓球放在纸杯底上，拉拽气球膜对准乒乓球发射。

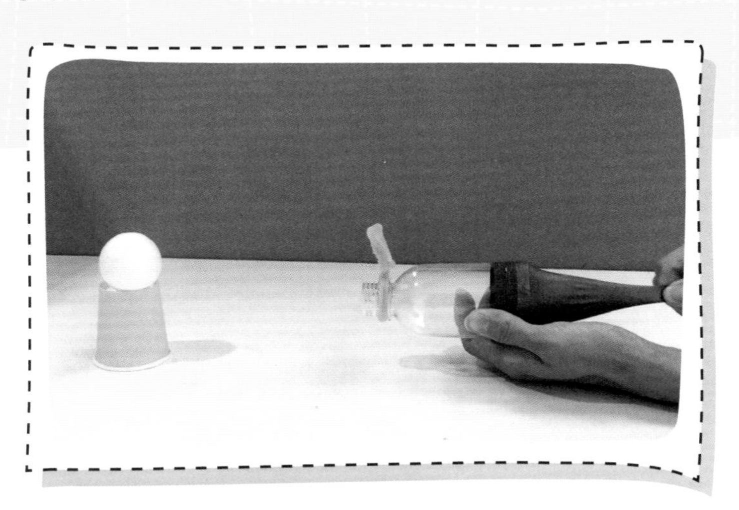

科学小课堂

无敌空气炮为什么能有这样大的威力呢？

其实它利用了空气动力原理，当向后拉动气球膜时，塑料瓶里的空气被压缩，松开膜后，空气炮里就会有一团看不见的空气喷射出来，能制造出炮弹般的冲击力量，这时质量轻的乒乓球就被击中而飞开了。

手动风扇

作者：叶肖娜

我们平日用的电风扇，大都是用电驱动产生气流的装置，内置的扇叶通电后转动产生自然风来达到使我们凉快的效果。如果家里没有电风扇怎么办？那就DIY一个手动风扇吧！

制作手动风扇，你需要准备的材料为：A4厚卡纸（瓦楞纸）2张、铅笔、直尺、剪刀、锥子、细木棍、皮筋、大瓶盖1个、小瓶盖2个、美工刀、双面胶、曲别针。

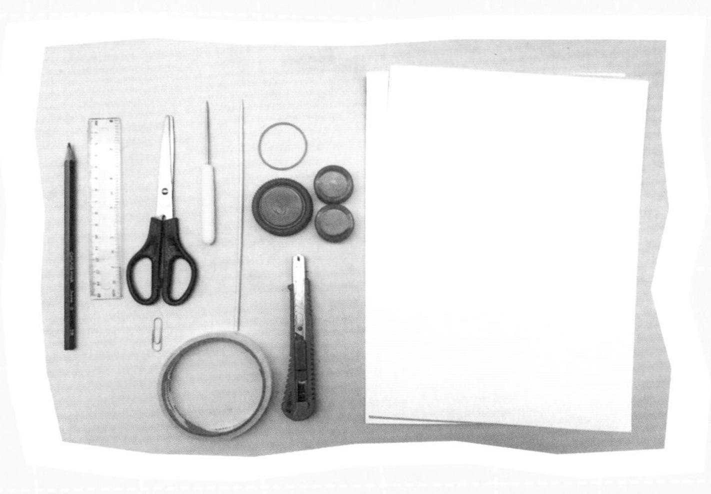

制作材料

1

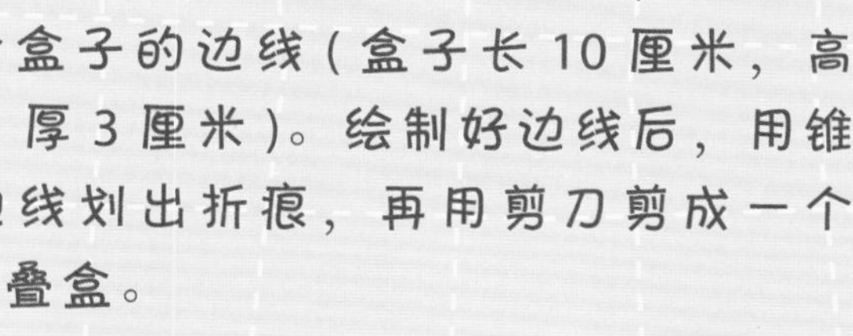

取一张A4厚卡纸（瓦楞纸），在其上绘制一个盒子的边线（盒子长10厘米，高21厘米，厚3厘米）。绘制好边线后，用锥子沿着边线划出折痕，再用剪刀剪成一个打开的折叠盒。

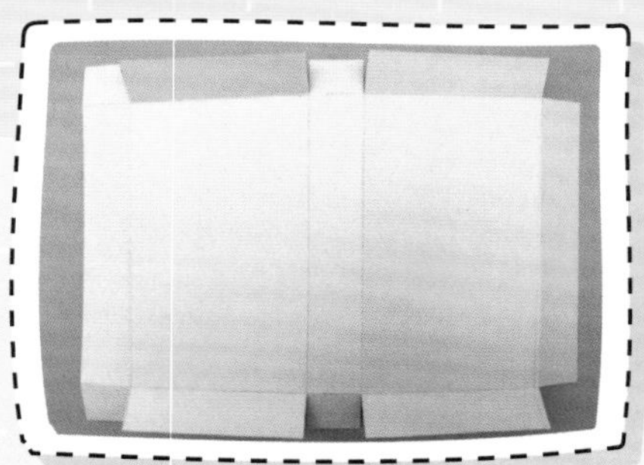

2

将长边用双面胶固定，两端开口暂不固定。

3

在盒子中心线的顶部和底部各4厘米处用锥子打2个孔，把纸盒翻过来，在与前面的孔相对应的位置再打1个孔。

在大瓶盖上用锥子打2个孔，一个孔打在瓶盖中心，另一个孔打在靠近边缘处。

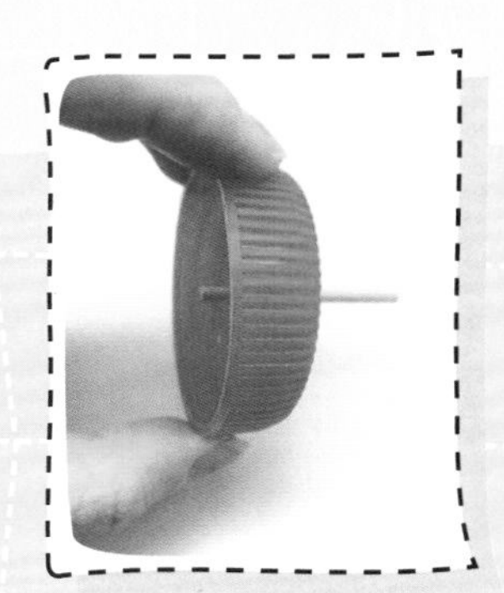

用细木棍通过大瓶盖边缘的孔，将木棍多余部分用剪刀剪断，做成一个手柄。

用曲别针穿过大瓶盖中间的孔，安装到盒子单面有孔的位置固定，安装时要保证手柄能够灵活转动，剪掉多余长度的曲别针，用双面胶封住盒子上下两端开口。

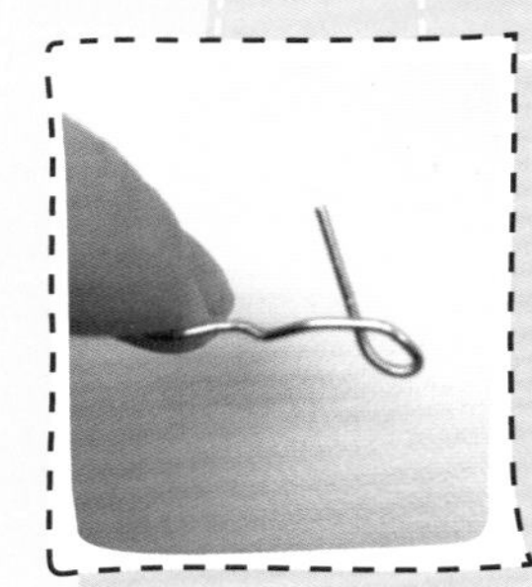

在2个小瓶盖上用锥子在中心各打1个孔。

8

用刀子在其中1个小瓶盖上沿周边切4个均匀间隔的长口，注意刀口切得稍斜一点。

9

取另外一张A4厚卡纸剪4个长条形叶片，每个叶片的长度为10厘米，宽度是小瓶盖切口长度的2倍。

把4个叶片分别插入小瓶盖的切口中，做成风扇的叶片，再将剩余细木棍的一端插入小瓶盖的中孔。

将细木棍的另一端通过预先打好的孔穿插到纸盒上，木棍要伸出盒子另一边一定的长度。

将另一个小瓶盖插到穿过纸盒的细木棍上。

13

将多余的细木棍剪断，用皮筋将同一侧的大瓶盖和小瓶盖环绕连接起来（注意皮筋要松紧合适），一个手动风扇就做好了。

摇动风扇的手柄，叶片跟着转动起来，凉风就产生了。

温馨提示

儿童在做手动风扇的过程中，一定要有家长或老师的监督辅助和指导，避免在使用小刀和锥子等尖锐物品时发生危险。

科学小课堂

在制作手动风扇的过程中，我们使用了皮带传动，它能使扇叶的旋转速度高于手柄的旋转速度。皮带传动是一种最基础的机械传动装置，它既可以传递动力，也可以改变传动比。在这个制作中，蕴含了以下科学知识：

1．用一个主动轮驱动一个从动轮的装置称为传动装置。这里，一根传动带（皮筋）连接着主动轮和从动轮（大瓶盖和小瓶盖）。

2．叶片旋转的速度要比手摇的速度快，这是因为主动轮（大瓶盖）比从动轮（小瓶盖）的直径大，大家可以把从动轮换成直径更小的瓶盖，看看有什么区别。

3．只有斜的扇叶才能使风改变方向，把周围的空气推向一个方向，风扇在转动时会把它侧面的风推向前方，从而产生风。

作者：邵　航

迎着风，快速旋转的纸风车特别的漂亮。买来的纸风车不如自己动手做有意思，今天就教大家制作一种简单易学的纸风车。

制作纸风车，你需要准备的材料为：A4纸（彩色纸效果更好）、美工刀、剪刀、胶棒、图钉、铅笔（带橡皮头）。

制作材料

把 A4 纸裁成一个正方形，并沿两条对角线对折。

2

用剪刀沿着对角线剪开到距中心约 1/3 处，这样就出现了八个角。

3

把其中的四个角（相互间隔）向中心折，并用胶棒把四个角黏在中心，这样风车的基本形状就出来了。

用大头针穿过风车的中心并扎在铅笔的橡皮头里，这样一个风车就做好了。

科学小课堂

迎风旋转的纸风车很漂亮，但如果让风从纸风车的背面吹过来，它还会转动吗？

实际上，无论风从纸风车的正面还是背面吹过来，它都会转动的。不信，你可以拿做好的纸风车试一试。纸风车能够转动是由于它的叶面是倾斜的。当风吹来时，受力不平衡，在作用力与反作用力下，纸风车就会转动起来。但这种结构在纸风车的背面没有正面那么突出，因此风从正面吹过来时要比风从背面吹过来时转得快得多。

亲爱的小伙伴们，快快行动，带上你的风车投入到大自然的怀抱，让漂亮的纸风车转起来吧！

超级弹球

陀螺转转转

作者：韩 迪

陀螺，曾经是一种很受欢迎的玩具。不过要想玩转它，宽阔的场地和精准的技术缺一不可，这还真是不小的挑战呢！下面教大家用身边的材料，制作一个不一样的陀螺，比比谁的陀螺转的时间更长。

制作陀螺，你需要准备的材料为：旧光盘、橡皮筋若干、吸管、一次性筷子。

制作材料

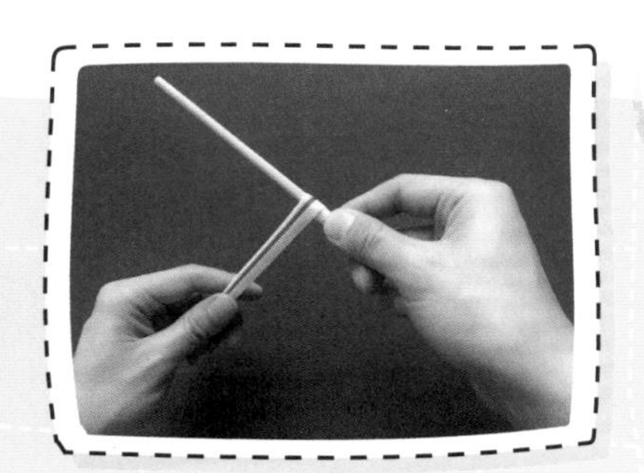

将吸管压扁，全部缠绕在一次性筷子上。

将卷好的吸管从筷子上取下来，安装到光盘的中心孔内。

将橡皮筋缠绕在筷子上，再将橡皮筋位置调整至距筷子头部 1.5 厘米处，橡皮筋要尽量缠绕在同一位置上。

4

将缠好橡皮筋的筷子从光盘中心孔穿过，要保证橡皮筋恰好在圆孔中卡紧。

5

转动筷子的尖端，让陀螺转起来吧！

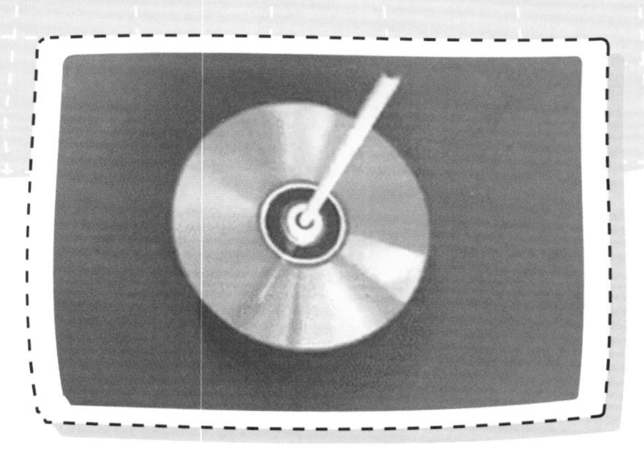

扫码观看演示视频

科学小课堂

旋转起来的陀螺不易倾倒，这究竟是为什么呢？我们仔细观察会发现，陀螺在旋转的时候，不但围绕本身的轴线转动，同时也围绕一个垂直轴做锥形运动。也就是说，陀螺既围绕本身的轴线“自转”，又围绕垂直轴“进动”，这就是我们常说的陀螺效应。简单来说就是物体转动时离心力会使自身保持平衡，重力的作用与离心力相比已经不值一提了。陀螺围绕自身轴线“自转”的快慢，决定着陀螺摆动角的大小。转得越慢，摆动角越大，稳定性越差；转得越快，摆动角越小，稳定性越好。

陀螺虽小，作用不小。由它衍生出的陀螺仪应用在很多领域，其最早用于航海导航，随着科学技术的发展，在航空和航天事业中也得到普遍应用。

奇妙的纸尿裤

作者：侯易飞

纸尿裤，是大家十分熟悉的生活用品，它能够吸收尿液，有助于婴儿整夜的睡眠。然而，小小的纸尿裤为什么能够吸收大量尿液并保持自身的干爽呢？今天我们就通过一个小实验来了解纸尿裤神奇的秘密。

了解纸尿裤的秘密，你需要准备的材料为：大号纸尿裤、细砂适量、水、剪刀、滴管、滤纸、烧杯 4 个、量杯、汤匙。

制作材料

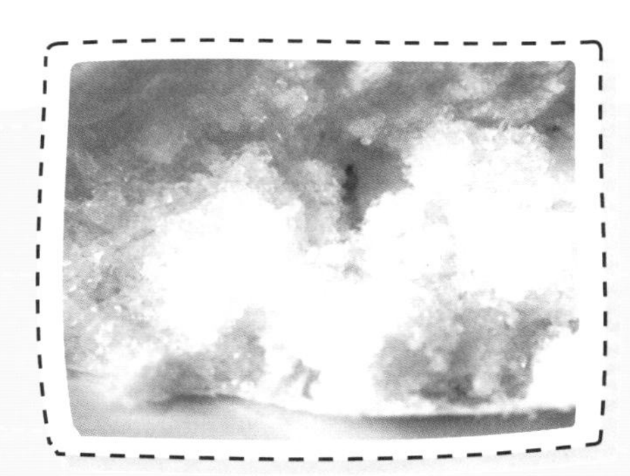

用剪刀将纸尿裤剪开，将其中的白色小颗粒收集在一起。

2

用小烧杯量取容积为60毫升的细砂。

将滤纸折叠放置在空烧杯中。

将细砂倒入有滤纸的烧杯中。

用小量杯量取60毫升的水。

用滴管将水慢慢滴在滤纸上，细砂慢慢被水浸湿了，很快就有水渗过细砂和滤纸，滴在了烧杯里。

7

重复第2步和第3步，之后将一汤匙纸尿裤中的“小白珠”放入装有细砂的烧杯，并搅拌均匀。

8

将细砂与“小白珠”的混合物倒入滤纸中。使用小量杯量取60毫升水，使用滴管慢慢滴在滤纸上。这次细砂浸湿后并没有水滴入烧杯，这是因为纸尿裤中的“小白珠”起到了吸水的关键作用。

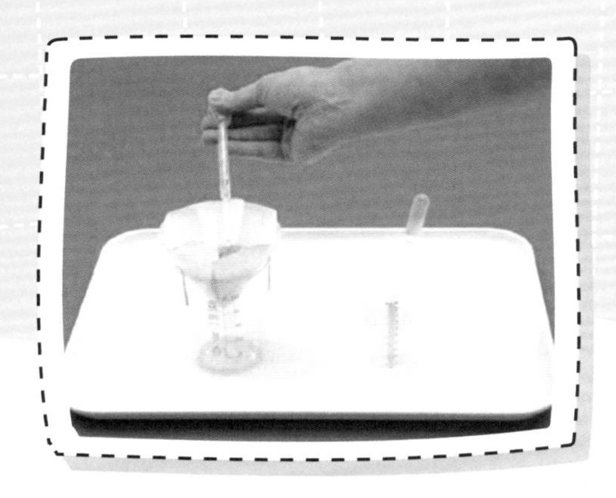

将一汤匙“小白珠”倒入空烧杯。

10

再倒入60毫升水，看看“小白珠”是如何吸水的。

11

将杯子倾斜水也不会流出来。这是因为将水倒入烧杯后，“小白珠”逐渐吸水膨胀，水被紧紧锁进了“小白珠”里，即便将杯子倾斜，也倒不出水来了。

科学小课堂

纸尿裤之所以有很强的吸水效果，就是因为内部的这些“小白珠”，它们叫作高吸水性树脂，是由淀粉和丙烯酸盐为主要原料制成的。它的内部结构就像一个个可以吸水的小球，可以迅速地把水分吸进去，从而能够更好地把水分锁住。正常条件下，它可以吸收超过自重 1000 倍以上的水量，因此也被称作“超级吸水剂”。

“超级吸水剂”不仅可以用来制作纸尿裤，还可以用来吸收食品中多余的水分、提高汽车座椅的舒适度等。它还有一个重要的用途是保持土壤的水分：在气候炎热的国家，人们需要使用大量的水来灌溉水果、蔬菜和谷物，遗憾的是，很多水还没被作物吸收，就渗漏到了沙土中，很快就蒸发了。因此，科学家就利用“超级吸水剂”的强力锁水特性，将它们与土壤混合，防止水分向土壤渗漏，达到保水的作用，增强灌溉效果。

水流星

作者：侯易飞

今天我们的小制作来源于一个有趣的传统杂技项目：杂技演员用一根绳子兜着两个碗，里面倒上水，迅速地旋转着做各种精彩表演，即使碗底朝上，碗里的水也不会洒出来，这个表演有一个好听的名字—水流星。听起来是不是很有意思？下面我们就来动手试试吧！

表演水流星，你需要准备的材料为：圆形或方形平板（半径不小于8厘米或也长不小于20厘米的木板、密度板或塑料板）、纸杯（或一次性塑料杯）、棉线、重物（如弹力球、橡皮泥等）、剪刀、笔、尺子。

表演材料

1

用笔和尺子画出相互垂直且经过圆心的两条直径。如果找不到圆形纸板，也可以使用边长大于 20 厘米的方形纸板。

2

用笔分别在 4 条线段距离边缘 1 厘米处画上标记（如果是方形纸板，在对角线距 4 个角 1 厘米处画标记），并交给老师或家长使用专业工具打孔。

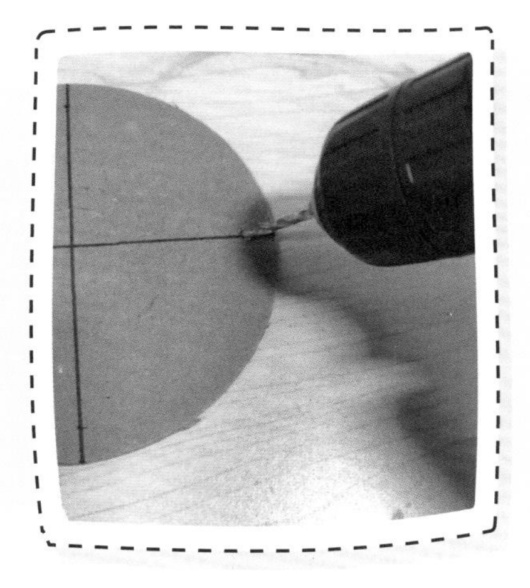

扫码观看演示视频

剪下 4 根长度约为底板长度 2 倍的棉线。

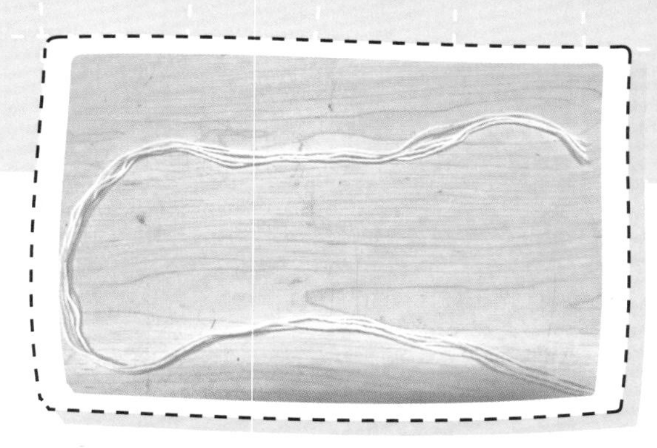

把棉线穿入孔中（可用细铁棒等工具引导），并绕过边缘系两个结。

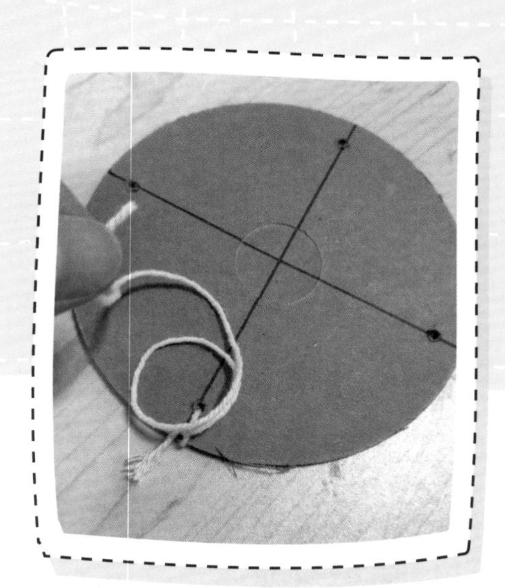

将4根棉线绕个圈系在一起。

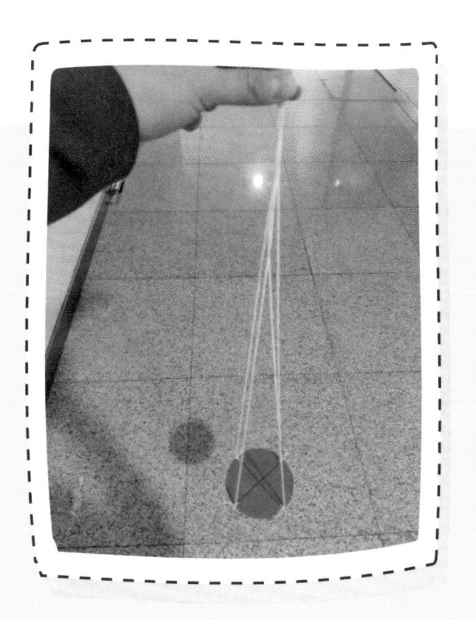

在室外找一块空地，在杯子里放入弹力球（熟练以后可以用水表演），然后放在带绳的圆形或方形平板中间，用手握住绳子左右自然摆动，反复四五次之后突然加力，进行转动。

科学小课堂

为什么无论是球还是水都不会从杯子中掉出来呢？

这里面的道理，可以用圆周运动来解释。当平板绕着手旋转时，杯子里的水就产生一个离心力，使水紧压着杯底，同时，水还有自身向下的重力。当杯底朝天时，离心力和重力的方向是相反的，如果离心力大于或等于重力，水就不会从杯子里流出来。

离心力的大小与物体做圆周运动的线速度有关，运动速度越大，离心力越大。因为转动的频率越高，转动半径越大，线速度就越大。所以杂技演员在表演时，都是用较长的绳子，以较高的频率来转动的。如果用很短的绳子，慢慢地转，演出非失败不可。

在生活中，离心力被我们应用在许多方面：游乐园的游戏设施，能让我们感受离心力带来的失重感觉；洗衣机的甩干装置，可以更加快速地甩干水分；科学家和科幻作品中模拟的未来空间站，也利用离心力来模拟重力使人能够正常地站立和运动；在天体上，卫星在主星边缘做惯性运动，由于主星的引力束缚了卫星，所以卫星围绕主星公转，如果卫星的惯性运动力（速度）大于主星的引力束缚力，那卫星便远离中心一些。

水里有个“龙卷风”

作者：高梦玮

龙卷风威力巨大，它的造访会造成摧天毁地之势。我们今天就来“活捉”一只“龙卷风”，把它请到瓶子里来！

水龙卷（初级版）

制作水龙卷（初级版），你需要准备的材料为：空矿泉水瓶、脸盆、水。

制作材料

在矿泉水瓶中注入 4/5 的水。

用右手堵住瓶口，左手握住瓶底，将瓶子倒置过来。保持右手不动，左手不停按顺时针或逆时针旋转。

左手停止旋转，右手迅速松开瓶口，让水自然流出。此时，水里会产生“龙卷风”。

扫码观看演示视频

彩色水龙卷（升级版）

制作彩色水龙卷（升级版），你需要准备的材料为：空矿泉水瓶 2 个（带盖），彩色墨水，剪刀、胶带、502 胶水。

制作材料

1

用剪刀分别在 2 个瓶盖的中心位置都钻一个孔，孔要稍微大一点，保证水可以流畅地流出。在 2 个钻好孔的瓶盖之间涂上 502 胶水，将 2 个瓶盖粘在一起，等待胶水干透。

温馨提示

用 502 胶水的时候要千万小心，小朋友可以在家长的帮助下完成。

2

为保证密封性，用胶带在 2 个瓶盖外侧紧紧缠绕几圈，“连接神器”就做好啦！

3

在其中一个瓶子中注入 4/5 的水，在水中滴几滴彩色墨水。

4

用“连接神器”将 2 个瓶子连接起来。

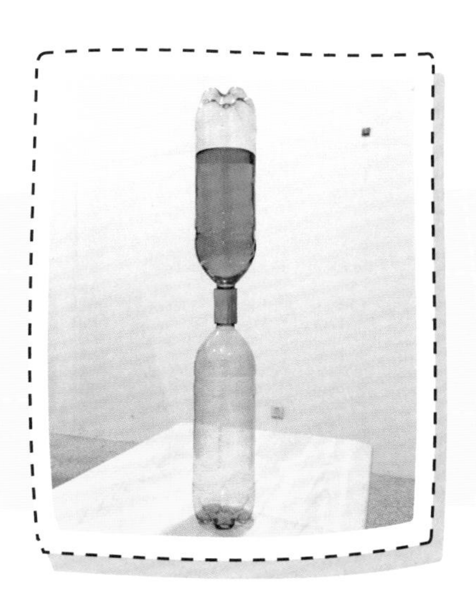

将整个装置倒置。

保持连接盖位置不动，使劲旋转摇动上面的瓶子。当停止摇动的时候，彩色的水龙卷就产生了。

科学小课堂

水中的“龙卷风”实际上就是一个漩涡，摇动瓶子产生水龙卷之后，空气可以很容易地通过漩涡中间的通道进入瓶内，水自然也就能快速地流下来了。

当两个瓶子连在一起倒置静止时，下方瓶子里的空气会阻止水流下来，但是当我们摇晃瓶子产生水龙卷之后，空气可以通过水龙卷中间的通道长驱直入，水就能轻轻松松地流下来啦！

瓶子里的水龙卷趣味无穷，但是一旦出现在生活中可就不得了啦，它能把海上的船只和海水吸入空中，威力指数五颗星！水龙卷也叫“龙吸水”，是偶尔出现在温暖水面上的龙卷风。饱含水汽快速旋转的气柱状水龙卷，其危险程度不亚于陆地龙卷风，内部风速可超过每小时 200 千米呢！

2015 年 10 月 20 日，意大利西北部港口城市热那亚附近海域就出现过巨型水龙卷，一条水柱从海面上升起，直插苍穹，场面十分壮观。1949 年夏天，新西兰下了一场“鱼雨”，鱼从天而降，这也是拜水龙卷所赐！